醣分OFF！
34道健康黃豆粉甜點麵包

真藤舞衣子

CONTENTS

黃豆粉的甜點

DESSERTS

BAKING WITH SOY FLOUR

○ 計算單位為1大匙＝15mℓ、1小匙＝5mℓ。幾乎所有的材料都是以g來標示，請正確地計量。

○ 本書的食譜是以盡可能減醣為目標，並非完全不含醣。另外，為了呈現出味道的濃郁及層次感，所以會運用到鮮奶油、奶油和蛋。

○ 食譜中的黃豆粉使用的是「可直接使用的非活性黃豆粉（Mitake食品）」。由於各廠牌黃豆粉的研磨方式及風味都不盡相同，因此做出來的甜點或麵包可能會和書中的成品有所差異。

○ 烤箱使用的是電烤箱。由於機種及火候等等都會造成差異，請以食譜的時間為標準，再自行斟酌調整。

黃豆粉的麵包

BREADS

BAKING WITH SOY FLOUR

黃豆粉蘊含的驚人力量！

隨著健康意識的抬頭，黃豆粉成了目前最受矚目的食材！
黃豆粉是以去皮的生黃豆研磨而成的粉末。
日式甜點常見的黃豆粉（KINAKO）也是黃豆製品，
但那是以炒過的黃豆研磨而成的熟黃豆粉。
接下來就請營養師勝俣知紘小姐
來談談黃豆粉的魅力吧。

營養師勝俣知紘小姐（Mitake食品工業株式會社）希望更多人利用營養價值高的黃豆粉，每日進行抑制黃豆豆腥味的研究與開發中。

黃豆粉的營養價值非常高！

黃豆素有「田中之肉」的美譽，是一種營養價值相當高的食品。不但含有豐富的優良蛋白質，胺基酸分數也是最高的100分。能夠攝取到和肉類等等的動物性食品一樣的均衡胺基酸是魅力所在。以下是關於黃豆粉的營養成分以及值得期待之功效的簡單介紹。

大豆蛋白（大豆球蛋白）

大豆球蛋白是大豆蛋白的主要成分。含有必需胺基酸，可以降低膽固醇和中性脂肪。
預防動脈硬化。

大豆異黃酮

來自於植物的一種多酚類。具有類似女性荷爾蒙（動情激素）的作用，能夠抑制鈣質從骨頭溶入血液之中。
預防骨質疏鬆&減輕更年期症狀。

大豆皂素

黃豆的苦味、豆腥味及澀味的成分具有抗氧化作用。能抑制過氧化脂質的產生，進而預防血栓（血凝塊）及動脈硬化。
預防高血壓與高血脂症。

亞麻油酸

必需脂肪酸之一，無法在人體內合成。能降低膽固醇，具有抗氧化作用。
防止老化。

次亞麻油酸

具有降低血液中之中性脂肪的作用，可防止血栓形成。
預防動脈硬化。

大豆卵磷脂

磷脂質的一種，同時也是好膽固醇的成分，可促進脂質代謝。能維持皮膚、腦、神經等等所有細胞膜的機能讓細胞正常運作，具有乳化作用。
防止老化及動脈硬化。

大豆寡糖

寡糖是腸內益菌的糧食，能令比菲德氏菌增殖，活化腸道內的有益菌。
整腸作用及降低膽固醇。

膳食纖維

含有大量的非水溶性膳食纖維（纖維素及木質素），能促進腸道蠕動。
預防便秘。

礦物質

含有大量消除身體疲勞的鐵和消除肌肉疲勞的鎂。
消除肌肉疲勞。

維生素

含有大量促進醣類、蛋白質、脂質代謝的維生素B群，以及防止因脂肪氧化而造成細胞膜損傷的維生素E。
美膚及抗衰老效果。

黃豆特有的豆腥味
在加工成黃豆粉之後就會減少！

相信很多人都有「黃豆的營養價值很高，但那股豆腥味實在難以忍受」的想法。那麼，黃豆的豆腥味是如何產生的呢？現在就簡單地來介紹一下。黃豆在磨成粉末的時候，黃豆所含有的油脂（亞麻油酸）會在酵素（脂氧合酶）的作用下先被分解為過氧化脂質。然後進一步在分解過氧化脂質的酵素（氫過氧化物裂解酶）的作用下產生出醛類。這個醛類物質就是豆腥味的成因之一。因此，只要藉由加熱的動作讓脂氧合酶失去活性的話，就能做出較無腥味的黃豆粉。話雖如此，並不表示豆腥味已經完全被去除掉，不過在甜點或麵包烘焙出爐、散發香味之後，應該就察覺不到了吧。

黃豆粉是最適合
運用於減醣飲食的食材！

黃豆粉的最大魅力就在於含醣量非常低。只有麵粉的⅕左右而已。米飯或麵包等等的碳水化合物在吃進身體之後會分解成葡萄糖，讓血液中的糖分增加（血糖上升）。於是胰臟就會分泌出胰島素，讓糖分被肌肉或肝臟吸收。然而，胰島素也有促進脂肪酸合成為中性脂肪、屯積在脂肪細胞內的作用，這就是發胖的原因之一。想要變瘦，就要避免血糖急速上升，因此，低醣的黃豆粉對於想要減重或實行減醣飲食的人而言，可說是最理想的食物。

「可直接使用的非活性黃豆粉」500g（Mitake食品）／以極力去除黃豆腥味的製法生產出來的黃豆粉。特徵是顆粒細緻、可輕易和其他食材混合。

關於黃豆粉的甜點

用黃豆粉＋「羅漢果代糖（LakantoS）」做出安心的甜點！

因為「甜點還是得有甜味才行」而在黃豆粉裡加入砂糖的話，就失去使用黃豆粉的意義了。所以本書中用的是羅漢果代糖（LakantoS）。「羅漢果代糖（LakantoS）」是以來自葫蘆科植物・羅漢果的果實的萃取物，以及玉米發酵之後所得到的天然甜味成分「赤藻糖醇」這2種的天然素材製作而成的零熱量甜味劑。「赤藻糖醇」雖然含有糖分卻不會影響血糖，而且具有和砂糖一樣的甜味。用於甜點的話，不僅能達到令人滿足的甜度，還能有效降低糖分的攝取。

「LakantoS」顆粒600g、顆粒白色1kg、液體280g（Saraya）／有顆粒型和液狀型，顆粒型又分為褐色糖粒及白色糖粒的「Lakanto White」。具耐熱性，就算經過加熱烹調也不會失去甜味。除了甜點之外也能用於料理之中。亦有紅茶用的方糖型。所有種類在本書中都使用過。

關於黃豆粉的麵包

用黃豆粉＋「小麥蛋白粉」做出蓬鬆的麵包！

「麵包一定要蓬鬆才行」是理所當然的事情，但黃豆粉沒有筋性，所以沒辦法做出一般麵包的那種蓬鬆感。麵包因為麵粉含有的蛋白質（麥穀蛋白、穀膠蛋白）加水揉合之後會形成麵筋、產生黏彈性（骨架），於是加入酵母發酵之後便會膨脹起來。所以要膨脹就絕對不能缺少小麥蛋白。這也是必須在黃豆粉中加入小麥蛋白粉的緣故。「小麥蛋白粉」是從麵粉當中萃取出來的蛋白質，添加分量的多寡會影響到麵包的口感。多的話比較酥脆，少的話則是比較Q彈。

「小麥蛋白粉」800g（NICHIGA）／小麥蛋白的粉末。能讓不易膨脹的黃豆粉麵包或米粉麵包呈現出蓬鬆感。

前言

最近常常聽到減醣及低碳水化合物等等的字眼。

雖然想要減肥，卻又好想吃甜點和麵包！

能夠解決這個問題的最佳食材就是黃豆粉。

由於含醣量只有麵粉的５分之１，

即使是需要控制醣分的人，只要是以黃豆粉製作的甜點或麵包就能安心食用。

若砂糖也使用來自天然的羅漢果代糖（LakantoS）的話就是零熱量。

用黃豆粉來製作的話，不只麻煩，難度也高，

而且還有豆腥味，應該是不怎麼美味吧？

有這種想法的人應該不少才對。

但現在已經有能夠消除這個印象而且非常美味的食譜了。

只要花點工夫，甜點就可以藉由食材的組合而變得容易入口，口感也更好，

麵包也能夠透過加熱麵團的方式來增加延展性並降低豆腥味。

還可以在基本的麵團或麵糊中加入喜愛的配料來變化出不同的口味呢。

本書介紹的都是經過本人的不斷研究，終於感到滿意的美味食譜。

請大家一定要試試看。

真藤舞衣子

黃豆粉的甜點

DESSERTS

BAKING WITH SOY FLOUR

以黃豆粉製作的甜點，除了能攝取到黃豆的完整營養之外，加上用的是零熱量的羅漢果代糖（LakantoS），所以醣分也大幅地減少許多。可試著用抹茶、堅果類及果乾等等風味十足的材料來搭配，好好體驗一下黃豆粉甜點的獨特滋味。

藍莓奶油乳酪馬芬

BLUEBERRY AND CREAM CHEESE MUFFINS

>>> RECIPE P.12

司康 紅茶&抹茶

ENGLISH TEA SCONES AND GREEN TEA SCONES

>>> RECIPE P.13

奶油乳酪和黃豆粉非常對味。
利用藍莓的淡淡甘甜來提味。

藍莓奶油乳酪馬芬

1個份

含醣量 20.6g ／ 289kcal

材料 直徑7×高3㎝的馬芬模型6個份

A	黃豆粉	80g
	杏仁粉	60g
	羅漢果代糖（LakantoS）	70g
	發粉	1 1/2 小匙
蛋		2個
鮮奶油		100g
奶油乳酪		80g
藍莓		50g

事前準備

- 將A混合過篩【照片右】。
- 蛋回復室溫。
- 在模型裡倒入羅漢果代糖（LakantoS）。
- 烤箱預熱至170℃。

作法

1 在缽盆裡倒入蛋和鮮奶油並用打蛋器攪拌混合之後，再加入A混合拌勻。

2 把奶油乳酪切成1㎝的方塊，和藍莓一起加進1裡混合，倒入模型中【照片右】。用170℃的烤箱烘烤25～30分鐘。

添加抹茶來提升香味。
也很建議使用焙茶或咖啡粉。

司康
紅茶 & 抹茶

紅茶／1個份
含醣量 10.0g ／ 166kcal

抹茶／1個份
含醣量 7.6g ／ 143kcal

材料 紅茶9個份／抹茶12個份

紅茶

	材料	份量
A	黃豆粉	150g
	杏仁粉	20g
	玉米粉	10g
	羅漢果代糖（LakantoS）	50g
	發粉	2小匙
	鹽	1小撮
	紅茶的茶葉	5g
B	鮮奶油	100g
	太白芝麻油	20g

抹茶

	材料	份量
A	黃豆粉	150g
	杏仁粉	20g
	玉米粉	10g
	羅漢果代糖（LakantoS）	50g
	發粉	2小匙
	鹽	1小撮
	抹茶	10g
B	鮮奶油	100g
	太白芝麻油	20g
	核桃	30g

事前準備

- 將紅茶、抹茶的A分別混合過篩。
- 將紅茶、抹茶的B分別混合。
- 抹茶的核桃用160℃的烤箱烘烤10分鐘左右，切碎。
- 蛋回復室溫。
- 在烤盤裡鋪上烤盤紙。
- 烤箱預熱至160℃。

作法

1. 在缽盆裡分別倒入紅茶、抹茶的A和B，用刮板邊切邊混合拌勻。抹茶在這個時候要加入核桃。混合均勻之後聚集成團。重複「切成兩半→重疊→從上方按壓【照片右】」的作業4～5次。
   ＊無法成團的情況，可加入牛奶（或豆漿）來揉合，一次加入1大匙直到能夠揉合成團為止。

2. 把1放在檯面上，用擀麵棍分別擀成12×12㎝。紅茶用刮板切成4㎝見方的方塊【照片右】。抹茶切成4×6㎝再斜切對半，排放在烤盤中。

3. 用160℃的烤箱烘烤15分鐘，下調至150℃再烤10分鐘左右。

黃豆粉胡蘿蔔蛋糕

CARROT CAKE

>>> RECIPE P.16

鹹蛋糕　香辣咖哩＆培根青花菜

SPICE CURRY CAKE SALÉ AND BACON BROCCOLI CAKE SALÉ

>>> RECIPE P.17

甜味柔和的糖霜和
加入大量香料的蛋糕體非常對味。

黃豆粉胡蘿蔔蛋糕

1切片份（1/6）
含醣量28.3g ／ 376kcal

材料 約21×16.5×高3cm的淺盤1個份

A	黃豆粉	50g
	杏仁粉	50g
	肉桂粉	1小匙
	小豆蔻粉	1/2小匙
	眾香子粉	1/4小匙
	發粉	1小匙

- 太白芝麻油 60g
- 羅漢果代糖（LakantoS）........ 60g
- 蛋 1個
- 胡蘿蔔 .... 1根（120g）
- 核桃 40g
- 葡萄乾 40g
- 椰子粉 20g

糖霜

- 奶油乳酪 70g
- 羅漢果代糖（LakantoS）........ 50g
- 椰子油 30g

＊ 25℃以上會變成液體，25℃以下會變成固體。固體的情況請隔水加熱融化。

事前準備

・將A混合過篩。
・胡蘿蔔磨成泥。
・核桃粗略切碎。
・奶油乳酪回復室溫。
・在淺盤裡鋪上烤盤紙【照片右】。
・烤箱預熱至170℃。

作法

1 在缽盆裡倒入太白芝麻油、羅漢果代糖、蛋，用打蛋器攪拌成光滑細緻的狀態【照片右】。加入胡蘿蔔繼續攪拌混合。

2 加入A攪拌均勻之後，加入核桃、葡萄乾、椰子粉用橡皮刮刀以切拌的方式混合，倒入淺盤中。用170℃的烤箱烘烤20分鐘左右，置於網架上冷卻。

3 製作糖霜。在缽盆裡倒入全部的材料，用打蛋器充分攪拌混合。

4 把3均勻地塗抹在2的表面，放進冰箱冷卻30分鐘左右，切成6等分。

帶著濃濃香料風味的鹹味磅蛋糕。
口感比看上去的更加紮實、溼潤。

鹹蛋糕
香辣咖哩 & 培根青花菜

香辣咖哩／1切片份（1/8）
含醣量 5.5g ／ 205kcal

培根青花菜／1切片份（1/8）
含醣量 4.1g ／ 219kcal

材料 18×8×高6㎝的磅蛋糕模型1個份

香辣咖哩

	材料	份量
A	黃豆粉	120g
A	發粉	2小匙
A	帕瑪森乳酪	40g
	洋蔥	1個
	└ 太白芝麻油ⓐ	1大匙
	胡蘿蔔	1/2根（60g）
	孜然	1小匙
	咖哩粉	1小匙
	黑胡椒	1小撮
	鹽	1小匙
	蛋	2個
	牛奶	50g
	太白芝麻油ⓑ	50g
	荷蘭芹末	1支份

培根青花菜

	材料	份量
A	黃豆粉	120g
A	發粉	2小匙
A	帕瑪森乳酪	40g
	洋蔥	1/2個
	└ 橄欖油ⓐ	1大匙
	培根	3片
	黑胡椒	1小撮
	牛奶	50g
	蛋	2個
	橄欖油ⓑ	50g
	青花菜	1/4棵

事前準備

- 將A混合過篩。
- 蛋回復室溫。
- 青花菜切成小朵。
- 在磅蛋糕模型裡鋪上烤盤紙。
- 烤箱預熱至180℃。

作法

香辣咖哩

1. 洋蔥切成粗丁，胡蘿蔔切成細丁。在平底鍋裡倒入太白芝麻油ⓐ燒熱，下洋蔥拌炒至金黃之後，加入胡蘿蔔繼續拌炒。把孜然、咖哩粉、黑胡椒、鹽依序加進鍋裡【照片右】拌炒均勻，移至缽盆中放涼。

2. 把蛋打進另一個缽盆裡用打蛋器打散，加入牛奶和太白芝麻油ⓑ混合拌勻。
3. 在1的缽盆裡加入芹蘭芹末混合之後，再加入A和2用橡皮刮刀充分攪拌均勻。
4. 把3倒入模型中，用180℃的烤箱烘烤30～40分鐘。連同烤盤紙一起脫模，置於網架上放涼。

培根青花菜

1. 培根切成1㎝寬，洋蔥切成粗丁。在平底鍋裡倒入橄欖油ⓐ燒熱，下洋蔥拌炒至金黃之後，加入培根、黑胡椒繼續拌炒。盛人盤中放涼。
2. 把蛋打進缽盆裡用打蛋器打散，加入牛奶和橄欖油ⓑ混合拌勻。加入1混合之後，再加入A用橡皮刮刀充分攪拌均勻。
3. 在模型裡倒入半份的2，把青花菜排放在中央【照片右】，倒入剩下的2，用180℃的烤箱烘烤30～40分鐘。連同烤盤紙一起脫模，置於網架上放涼。

用黃豆粉也能做出鮮奶油蛋糕。
配料運用了大量的莓果類水果。

莓果鮮奶油蛋糕

1切片份（1/6）
含醣量 12.6g／252kcal

材料 直徑15cm的圓形模型1個份

A	黃豆粉	40g
	杏仁粉	10g
	發粉	2g

蛋 3個
羅漢果代糖（LakantoS）（液體）ⓐ 10g
羅漢果代糖（LakantoS）（液體）ⓑ 60g
香草精 .... 少許
融化奶油（無鹽）............ 10g

B	羅漢果代糖（LakantoS）（液體）ⓒ	1大匙
	蘭姆酒	1大匙

發泡鮮奶油

鮮奶油 200g
羅漢果代糖（LakantoS）ⓓ 30g

藍莓 30個
草莓 .... 6～8個
薄荷 .... 適量

事前準備

- 將A混合過篩。
- 將B混合。
- 蛋在使用前才從冰箱取出，把蛋黃和蛋白分離。
- 草莓洗淨去蒂，縱切成6等分。裝飾用的2個縱切對半。
- 在模型裡鋪上烤盤紙。
- 烤箱預熱至160℃。

作法

1 在缽盆裡倒入蛋白、加入羅漢果代糖ⓐ，用電動打蛋器打發至能拉出尖角為止，製作紮實的蛋白霜。

2 在另一個缽盆裡倒入蛋黃，加入羅漢果代糖ⓑ、香草精，打發成濃稠的糊狀【照片右】。

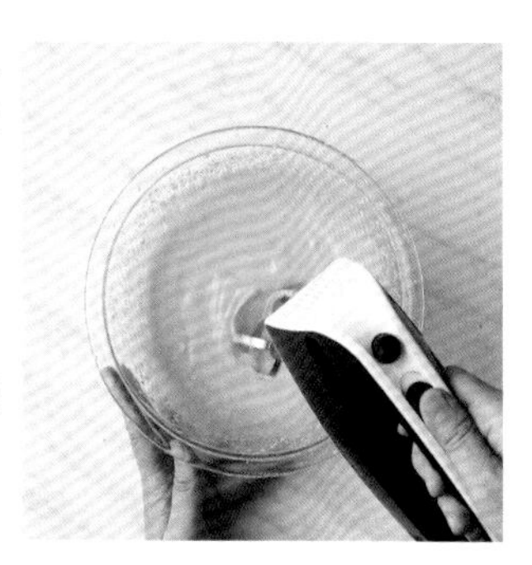

3 在2裡加入融化奶油混合之後，再加入A用橡皮刮刀攪拌均勻。把1分成2次加入，為避免破壞氣泡，以切拌的方式混合均勻，倒入模型中。

4 用160℃的烤箱烘烤10分鐘，下調至150℃再烤20分鐘，置於網架上放涼。

5 從模型中取出並撕掉烤盤紙，橫切成3等分，分別用毛刷在上面塗上B。

6 製作發泡鮮奶油。在缽盆裡倒入全部的材料，用電動打蛋器打至八分發（拉出的尖角會彎曲下垂的柔軟狀態）。

7 在5的第1片上面抹上薄薄的6，鋪滿莓果類（裝飾用的保留下來）。抹上剩下的6的1/4量【照片右】。放上第2片，同樣抹上薄薄的6、鋪滿莓果類，再抹上剩下的6的1/3量。

8 放上第3片，把剩下的6鋪平抹開，側面也要修飾漂亮。放上草莓、藍莓、薄荷加以裝飾。

做出蓬鬆蛋糕的訣竅就在於紮實的蛋白霜。
用黃豆粉和熟黃豆粉的香氣營造出柔和風味。

黃豆粉戚楓蛋糕

1切片份（⅙）

含醣量 10.2g ／ 175kcal

材料 直徑17cm的戚楓模型1個份

A	黃豆粉	60g
A	熟黃豆粉	20g
A	發粉	5g
	蛋	4個
	羅漢果代糖（LakantoS）ⓐ	30g
	羅漢果代糖（LakantoS）ⓑ	15g
	太白芝麻油	3大匙
	牛奶	4大匙

事前準備

- 將A混合過篩。
- 蛋在使用前才從冰箱取出，把蛋黃和蛋白分離。
- 烤箱預熱至170℃。

作法

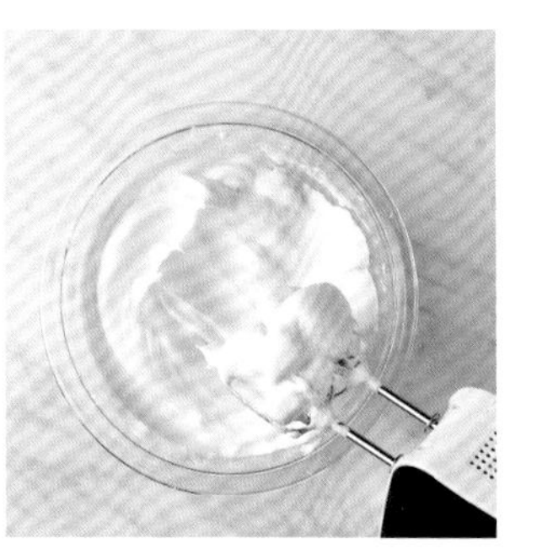

1 在缽盆裡倒入蛋白，把羅漢果代糖ⓐ分3次加進去，用電動打蛋器打發至能拉出挺立的尖角為止【照片右】，製作紮實的蛋白霜。

2 在另一個缽盆裡倒入蛋黃，加入羅漢果代糖ⓑ用打蛋器充分混合之後，再加入太白芝麻油和牛奶充分攪拌均勻。

3 在2裡加入A充分混合，把1分數次加進去，每次加入之後為避免破壞氣泡都要用橡皮刮刀以切拌的方式混合。

4 在20cm左右的高度把3從3個方向、每個方向⅓量地倒入模型中【照片右】。在檯面上將模型輕敲幾下排出空氣，用170℃的烤箱烘烤30分鐘左右。拿竹籤戳戳看，沒有沾上麵糊的話就OK了。連同模型倒扣在瓶子等物品上面冷卻。

5 將刀子插入4的模型和蛋糕之間來脫模，切成6等分，盛入容器中。

＊ 沾上發泡鮮奶油（參照P.19）來食用也很美味。

味道清爽的乳酪蛋糕。
加入白酒提味讓風味更加高雅。

1個份（¼）

含醣量23.7g／497kcal

生乳酪蛋糕

材料 直徑8.5×高7.5cm的杯子4個份
（或約21×16.5×高3cm的淺盤1個份）

底層

A	黃豆粉	10g
A	小麥蛋白粉	20g
A	杏仁粉	30g
A	羅漢果代糖（LakantoS）	20g
	鮮奶油ⓐ	100g

餡料

奶油乳酪	200g
優格（原味）	100g
吉利丁	8g
白酒（或水）	50mℓ
鮮奶油ⓑ	100g
白色羅漢果代糖（Lakanto White）	50g

事前準備

- 將A混合過篩。
- 奶油乳酪和優格回復室溫。
- 在耐熱缽盆裡倒入白酒，把吉利丁泡開。
- 在烤盤裡鋪上烤盤紙。
- 烤箱預熱至170℃。

作法

1. 製作底層。在缽盆裡倒入A和鮮奶油ⓐ，用刮板以切碎的方式加以混合【照片右】。倒進烤盤裡壓成3mm厚，用170℃的烤箱烘烤20分鐘左右，放涼。用食物調理機打碎。
   ＊ 放進塑膠袋裡，用擀麵棍敲碎也行。

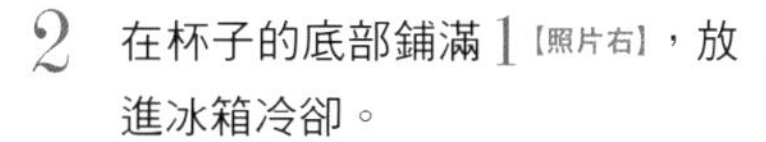

2. 在杯子的底部鋪滿1【照片右】，放進冰箱冷卻。
   ＊ 以淺盤製作的情況，就是鋪滿整個淺盤。

3. 製作餡料。在另一個缽盆裡倒入奶油乳酪和優格，用打蛋器充分攪拌混合。

4. 把泡開的吉利丁用500W的微波爐加熱20秒左右，讓吉利丁溶解（不用覆蓋保鮮膜）。加入少量的3充分混合之後，倒回3的缽盆裡，用打蛋器仔細攪拌均勻。

5. 在另一個缽盆裡倒入鮮奶油ⓑ和白色羅漢果代糖，用電動打蛋器打至八分發（拉出的尖角會彎曲下垂的柔軟狀態），把4加進去用橡皮刮刀混合拌勻。

6. 在2的杯子裡倒入5，放進冰箱冷卻凝固3小時以上。
   ＊ 加點藍莓和薄荷來搭配也很美味。

巧克力蛋糕

GÂTEAU AU CHOCOLAT

>>> RECIPE P.26

柳橙布朗迪

ORANGE BLONDIES

>>> RECIPE P.27

添加了大量的可可粉，
讓人一吃上癮的微苦滋味。

巧克力蛋糕

1切片份（1/8）

含醣量 9.5g ／ 163kcal

材料 直徑15cm的圓形模型1個份

A	黃豆粉	15g
	可可粉（無糖）	40g
蛋		3個
羅漢果代糖（LakantoS）		60g
鮮奶油		200g
蘭姆酒		1大匙

事前準備

- 將A混合過篩。
- 蛋回復室溫，把蛋黃和蛋白分離。
- 在模型裡鋪上烤盤紙。
- 在烤盤裡倒入約1cm深的水，烤箱預熱至170℃。

作法

1. 在缽盆裡倒入蛋白，加入半份的羅漢果代糖，用電動打蛋器打發至能拉出尖角為止。
2. 在另一個缽盆裡倒入蛋黃、鮮奶油、蘭姆酒、A、剩下的半份的羅漢果代糖，用打蛋器攪打成濃稠的糊狀【照片右上】。
3. 把1加進2裡，用橡皮刮刀以切拌的方式混合均勻，倒入模型中【照片右下】。用170℃的烤箱烘烤30～35分鐘。
4. 從烤箱取出，置於網架上放涼。脫模之後撕掉烤盤紙，放進冰箱冷卻1小時左右，切成8等分。

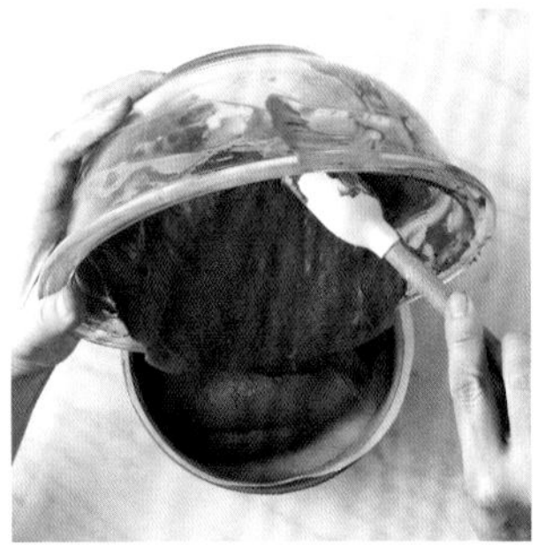

柳橙的酸味和苦味巧克力非常對味。
甜味與酸味融入蛋糕裡讓美味更加倍。

柳橙布朗迪

1切片份（1/12）

含醣量 10.6g ／ 113kcal

材料 約21×16.5×高3cm的淺盤1個份

A	黃豆粉	50g
	杏仁粉	50g
	肉桂粉	1小匙
	發粉	1/2小匙
蛋		1個
羅漢果代糖ⓐ		60g
鮮奶油		60g
巧克力（苦味）		30g
杏仁（烤過）		40g
柳橙		1個
羅漢果代糖ⓑ		適量

事前準備

- 將A混合過篩。
- 蛋回復室溫。
- 杏仁切成粗粒。
- 巧克力切碎。
- 柳橙去皮，切成5mm厚的圓片。
- 在淺盤裡鋪上烤盤紙。
- 烤箱預熱至170℃。

作法

1. 在缽盆裡倒入蛋、羅漢果代糖ⓐ、鮮奶油，用打蛋器攪打至顏色變白為止。
2. 加入A混合之後，再加入巧克力和杏仁用橡皮刮刀以切拌的方式混合。倒入淺盤中，鋪滿柳橙【照片右】，將羅漢果代糖ⓑ薄薄地撒滿整個表面。

3. 用170℃的烤箱烘烤15分鐘，下調至150℃再烤10分鐘左右。置於網架上冷卻，切成約5×5.5cm。

用太白芝麻油取代奶油。
枸杞又稱作甘杞，據說在美容養顏方面很有功效。

1切片份（1/8）

含醣量 12.7g ／ 184kcal

藥膳風味
甘栗枸杞蛋糕

材料 約21×16.5×高3cm的淺盤1個份

A	黃豆粉	50g
	杏仁粉	50g
	肉桂粉	1小匙
	發粉	1/2小匙
蛋		1個
羅漢果代糖（LakantoS）		60g
太白芝麻油		60g
可可豆碎粒		30g
甘栗		60g（淨重）
枸杞		20g

事前準備

- 將A混合過篩。
- 蛋回復室溫。
- 甘栗切成粗粒。
- 在淺盤裡鋪上烤盤紙。
- 烤箱預熱至170℃。

作法

1 在缽盆裡倒入蛋、羅漢果代糖、太白芝麻油，用打蛋器攪拌成光滑細緻的狀態【照片右上】。

2 加入A混合之後，再加入可可豆碎粒和半份的甘栗用橡皮刮刀以切拌的方式混合【照片右下】。倒入淺盤中，把剩下的甘栗均勻地撒在表面。

3 用170℃的烤箱烘烤15分鐘，從烤箱取出來撒上枸杞，下調至150℃再烤10分鐘左右。置於網架上冷卻，縱切對半之後再橫切成4等分。

蜜棗巴斯克蛋糕

GÂTEAU BASQUE

>>> RECIPE P.32

焦糖堅果塔

CARAMEL NUT TART

>>> RECIPE P.33

在風味濃郁的巴斯克蛋糕中，
放入整粒蜜棗乾的奢華烘焙糕點。

1個份

含醣量40.7g／441kcal

蜜棗巴斯克蛋糕

材料 直徑7×高3cm的馬芬模型6個份

A	黃豆粉	120g
	杏仁粉	50g
	小麥蛋白粉	20g
	發粉	1小匙
奶油（無鹽）		120g
羅漢果代糖（LakantoS）		100g
鹽		1小撮
蛋黃		3個份

黃豆粉卡士達醬

黃豆粉	30g
太白粉	2小匙
羅漢果代糖（LakantoS）	50g
牛奶	200g
蘭姆酒	1大匙

蜜棗乾	12個
蛋液	適量

事前準備

- 將A混合過篩。
- 奶油回復室溫。
- 蜜棗乾去子。
- 將模型塗上奶油（分量外）。
- 烤箱預熱至180℃。

作法

1 在缽盆裡倒入奶油，用打蛋器攪打成乳霜狀。把羅漢果代糖分2～3次加入混合之後，把鹽也加入混合。把蛋黃1個1個加入，每次加入之後都要混合拌勻。

2 加入A用橡皮刮刀混合拌勻，放進冰箱冷卻。

3 製作黃豆粉卡士達醬。在缽盆裡倒入全部的材料，邊加熱邊用打蛋器攪拌，直到變成濃稠狀為止。從爐火上移開，攪拌至冷卻為止。

4 把2從冰箱取出，分成12等分，其中6個分別以按壓的方式鋪進模型裡【照片右上】，注入1/6量的黃豆粉卡士達醬，放入2個蜜棗乾，再將剩下的麵團分別擀成直徑8cm的圓片覆蓋上去，用湯匙等等修飾平整【照片右下】。

5 在表面用毛刷刷上蛋液，以竹籤做出花樣。用180℃的烤箱烘烤22～25分鐘。

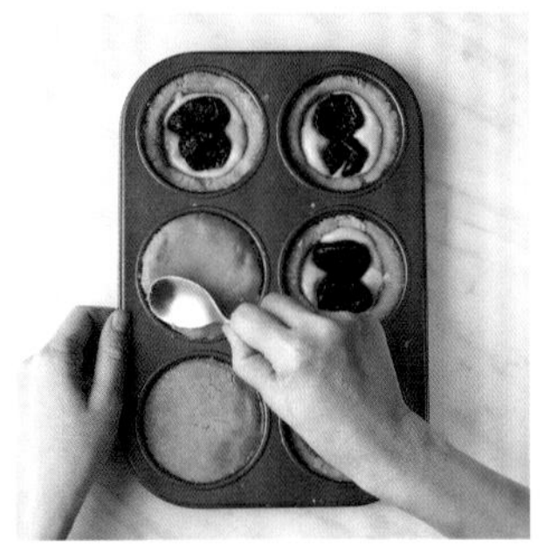

添加大量堅果、吃起來超滿足的塔。
精心熬煮的焦糖醬是關鍵所在。

1切片份（⅛）
含醣量24.4g／339kcal

焦糖堅果塔

材料 直徑18cm的塔模1個份

A	黃豆粉	70g
	杏仁粉	50g
	小麥蛋白粉	20g
	羅漢果代糖（LakantoS）	30g
	鹽	1小撮
	太白芝麻油	40g
	蛋黃	2個份
B	奶油（無鹽）	50g
	鮮奶油	50g
	羅漢果代糖（LakantoS）	100g
	蜂蜜	2大匙
C	核桃、杏仁、腰果、山核桃、開心果	各20g
	松子	20g
	香草精	3滴

事前準備

- 將A混合過篩。
- 將C不重疊地鋪在烤盤裡，用160℃的烤箱烘烤10分鐘，把松子以外的堅果切成粗粒。
- 烤箱預熱至170℃。

作法

1 在缽盆裡倒入A和太白芝麻油，用手搓揉混合成鬆散狀態，加入蛋黃再用刮板以切碎的方式加以混合。

2 把1的材料聚集成團，用刮板進行「切成兩半→重疊→按壓」的作業2～3次。鋪一張保鮮膜，放上麵團，上面再覆蓋一張保鮮膜，用擀麵棍擀成比模型大一圈的薄片。撕掉保鮮膜，放入模型中，用指腹以壓出空氣的方式讓塔皮和模型緊密貼合，去除多餘的塔皮。

3 用叉子在塔皮上均勻戳洞，用170℃的烤箱烘烤20分鐘左右，置於網架上放涼。

4 在小鍋裡倒入B以中火加熱煮沸。用橡皮刮刀不停攪拌以免煮開溢出，熬煮至顏色呈咖啡色為止【照片右】。加入C和香草精混合，沾裹均勻。

5 把4倒進3裡，用橡皮刮刀抹平。用預熱至180℃的烤箱烘烤15分鐘左右，置於網架上冷卻。切成8等分。

加入自家製的瑞可塔乳酪和乳清來營造清爽口感。
黃豆粉和優格原本就很對味，所以吃起來更是美味。

瑞可塔乳酪鬆餅

1片份

含醣量6.1g／104kcal

材料 直徑10cm的鬆餅9片份

A	黃豆粉	40g
A	小麥蛋白粉	40g
A	發粉	1小匙
A	鹽	1小撮
	蛋	2個
	瑞可塔乳酪（參照下方）	400g
	乳清（參照下方）	100mℓ
	羅漢果代糖（LakantoS）	1大匙
	奶油（無鹽）	適量

事前準備

・將A混合過篩。
・蛋在使用前才從冰箱取出，把蛋黃和蛋白倒進不同的容器中。

作法

1 把瑞可塔乳酪和乳清混合，和A一起加入蛋黃的缽盆中混合。

2 蛋白的缽盆裡加入羅漢果代糖，用打蛋器確實打發至能拉出尖角為止。

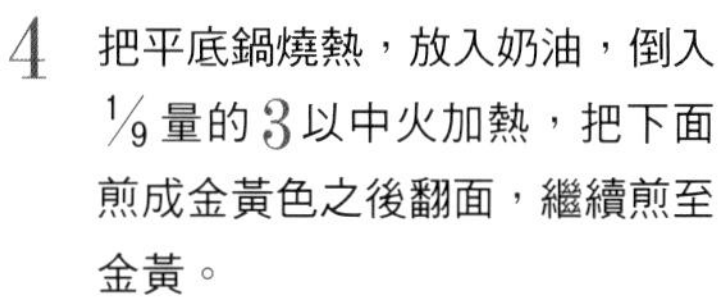

3 把2加進1裡【照片右】，為避免破壞氣泡以切拌的方式混合。

4 把平底鍋燒熱，放入奶油，倒入1/9量的3以中火加熱，把下面煎成金黃色之後翻面，繼續煎至金黃。

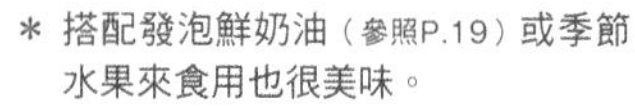

＊ 搭配發泡鮮奶油（參照P.19）或季節水果來食用也很美味。

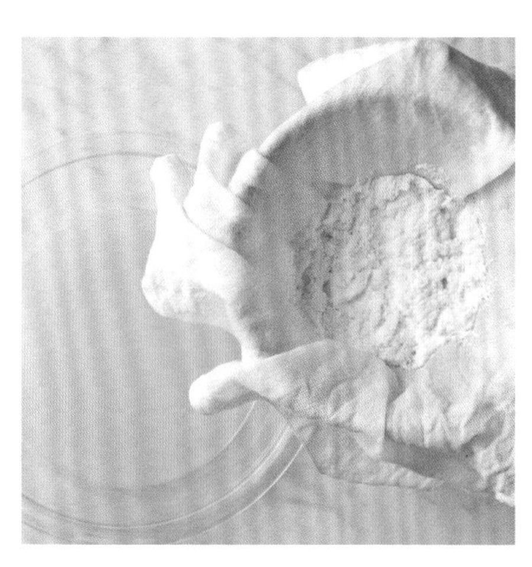

瑞可塔乳酪和乳清的作法

在鍋子裡倒入牛奶500g開火加熱，沸騰之後加入檸檬1/2個份榨出的果汁，輕輕攪拌。以小火在微微滾沸的狀態下加熱。出現蛋花般的凝結物，並變成透明的液體之後，用鋪上紗布的網篩過濾。留在紗布上的東西就是瑞可塔乳酪，透明的液體則是乳清。

黃豆粉和柳橙、奶油等等的風味是最佳組合。
加入蛋和乳酪做成鹹口味也很好吃。

黃豆粉法式薄餅

1片份（不含上面的配料）

含醣量 12.1g ／ 369kcal

材料 直徑22cm的法式薄餅4片份

A	黃豆粉	80g
A	玉米粉	1大匙
A	鹽	1小撮
	蛋	1個
	鮮奶油	100g
	牛奶	120g
	太白芝麻油（或奶油）	適量
	奶油（無鹽）	適量
	柳橙	1個
	蘭姆酒	1大匙
	羅漢果代糖（LakantoS）	1大匙
	融化奶油（無鹽）	2大匙
	肉桂粉	適量

事前準備

・柳橙去皮，切成2mm厚的圓片。

作法

1 在缽盆裡倒入A，用打蛋器攪拌混合。加入蛋和鮮奶油，邊攪拌邊加入牛奶。

2 將鐵氟龍加工的平底鍋抹上薄薄的太白芝麻油，倒入約1杓份的1，以轉動平底鍋的方式攤開【照片右上】。兩面煎至微帶金黃之後，放上奶油（約1小匙），用鍋鏟將餅皮對折，接著再稍微錯開地折疊起來【照片右下】。

3 盛入容器中，放上柳橙，淋上蘭姆酒、羅漢果代糖、融化奶油，用濾茶器撒上肉桂粉。

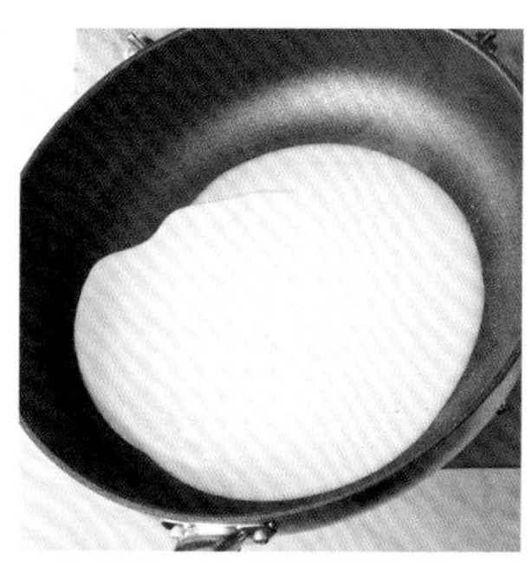

只要把奶酥的食譜學起來，
就能利用蘋果以外的水果來製作。

蘋果奶酥

1人份（¼）

含醣量 28.1 g ／ 251 kcal

材料 約21×16.5×高3cm的淺盤1個份

A	黃豆粉	20g
	小麥蛋白粉	20g
	杏仁粉	30g
	羅漢果代糖（LakantoS）	20g
奶油（無鹽）ⓐ（或太白芝麻油）		30g
蘋果		2個
奶油（無鹽）ⓑ		1大匙
葡萄乾		20g
肉桂粉		1 ½小匙

事前準備

- 將A混合過篩。
- 烤箱預熱至180℃。

作法

1. 在缽盆裡倒入A和奶油ⓐ，用刮板混合成鬆散狀態【照片右上】。
2. 將蘋果去芯，連皮切成一口大小。在平底鍋裡把奶油ⓑ燒熱，下蘋果拌炒。炒軟之後【照片右下】加入葡萄乾和肉桂粉拌炒均勻，倒進淺盤裡攤平。
3. 把1均勻地鋪在2的上面，用180℃的烤箱烘烤35分鐘左右。

餅乾　可可&黑芝麻

COCOA COOKIES AND SESAME COOKIES

>>> RECIPE P.42

椰子酥餅

COCONUT SABLÉ

>>> RECIPE P.43

質地偏軟、帶有溼潤感的餅乾。
除了可可之外，抹茶、紅茶或焙茶口味也很不錯。

餅乾
可可 & 黑芝麻

可可／1片份
含醣量2.2g／39kcal

黑芝麻／1片份
含醣量3.6g／67kcal

材料 可可25片份／黑芝麻15片份

可可

A	黃豆粉	60g
A	杏仁粉	40g
A	可可粉（無糖）	2小匙
A	鹽	1小撮
	奶油（無鹽）	50g
	羅漢果代糖（LakantoS）	40g
	蛋黃	1個份

黑芝麻

A	黃豆粉	60g
A	杏仁粉	40g
A	鹽	1小撮
	熟黑芝麻	2小匙
	奶油（無鹽）	50g
	羅漢果代糖（LakantoS）	40g
	蛋黃	1個份

事前準備

- 將A混合過篩。
- 奶油回復室溫。
- 烤箱預熱至170℃。

作法

可可

1 在缽盆裡倒入奶油和羅漢果代糖，用橡皮刮刀充分攪拌混合。加入蛋黃繼續攪拌，然後把A也加進去混合【照片右上】。

2 聚集成團，用保鮮膜包起來，以擀麵棍擀成15×15cm【照片右下】，放進冰箱冷卻1小時左右讓麵團變硬。

3 從冰箱取出撕掉保鮮膜，切成3×3cm，排放在烤盤上。用170℃的烤箱烘烤20分鐘左右直到上色為止。

黑芝麻

1 在缽盆裡倒入奶油和羅漢果代糖，用橡皮刮刀充分攪拌混合。加入蛋黃繼續攪拌，然後把A和黑芝麻也加進去混合。

2 聚集成團，用保鮮膜包起來，以擀麵棍擀成15×15cm，放進冰箱冷卻1小時左右讓麵團變硬。

3 從冰箱取出撕掉保鮮膜，切成3×5cm，排放在烤盤上。用170℃的烤箱烘烤20分鐘左右直到上色為止。

椰子粉的風味和口感是美味的祕密。
最適合搭配下午茶的酥餅。

椰子酥餅

1片份

含醣量3.7g／96kcal

材料 18片份

黃豆粉 60g
奶油（無鹽） 100g
羅漢果代糖（LakantoS） 50g
蛋黃 2個份
椰子粉 80g
鹽 1小撮

事前準備

- 奶油回復室溫。
- 烤箱預熱至170℃。

作法

1 在缽盆裡倒入奶油和羅漢果代糖，用橡皮刮刀充分攪拌混合【照片右】。加入蛋黃繼續攪拌混合，然後把剩下材料都加進去混合。

2 聚集成團，用保鮮膜包起來，以擀麵棍擀成18×18cm，放進冰箱冷卻1小時左右讓麵團變硬。

3 從冰箱取出撕掉保鮮膜，放在烤盤紙上。用刀子切成長6cm、寬3cm【照片右】。放入烤盤中，用170℃的烤箱烘烤20分鐘左右直到上色為止。

質地酥鬆入口即化，相當容易食用的點心。
濃郁的抹茶中透出的淡淡苦味令人難以抗拒。

抹茶雪球

1個份

含醣量 2.5g ／ 47kcal

材料 26個份

A	黃豆粉	60g
A	杏仁粉	60g
A	抹茶	10g
奶油（無鹽）		70g
羅漢果代糖（LakantoS）		50g
抹茶		10g

事前準備

- 奶油回復室溫。
- 在烤盤裡鋪上烤盤紙。
- 烤箱預熱至170℃。

作法

1. 在缽盆裡倒入奶油和羅漢果代糖，用橡皮刮刀攪拌成光滑細緻的狀態【照片右上】。把A的材料由上而下依序加入，每加入一樣材料之後都要充分攪拌均勻，聚集成團。把麵團分成26等分，揉成直徑約3cm的球狀【照片右下】排放在烤盤上。

   ＊ 剛開始的時候可能有點乾，但最後用手搓揉幾下就能聚集成團。

2. 用170℃的烤箱烘烤15～25分鐘，置於網架上放涼。

3. 用濾茶器在表面均勻地撒上抹茶。

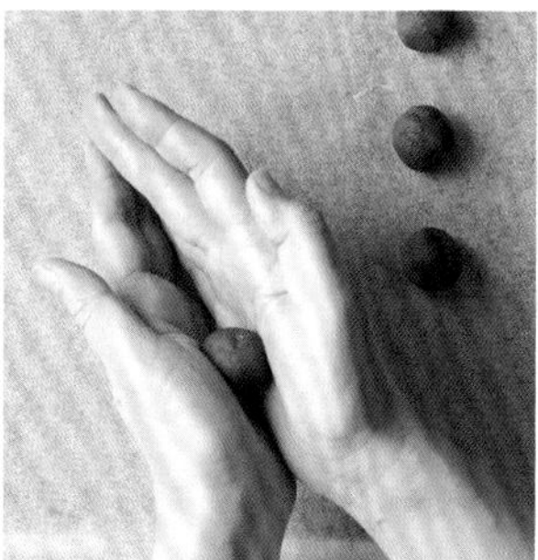

孜然／1片份

含醣量0.7g／20kcal

乳酪／1片份

含醣量0.6g／21kcal

脆餅
孜然 & 乳酪

材料 孜然36片份／乳酪40片份

孜然

A	黃豆粉	70g
A	小麥蛋白粉	30g
A	羅漢果代糖（LakantoS）（隨喜好）	5g
A	鹽	1小撮
A	咖哩粉	$\frac{1}{2}$小匙
A	孜然	1小匙
B	橄欖油	2大匙
B	牛奶（或豆漿）	40g

乳酪

A	黃豆粉	70g
A	小麥蛋白粉	30g
A	羅漢果代糖（LakantoS）（隨喜好）	5g
A	鹽	1小撮
A	帕瑪森乳酪	30g
B	橄欖油	2大匙
B	牛奶（或豆漿）	60g

事前準備

・將A混合過篩。
・烤箱預熱至170℃。

作法

1. 在缽盆裡分別倒入孜然和乳酪的A和B，用刮板充分混合拌勻，聚集成團。
2. 分別放在烤盤紙上，孜然麵團用擀麵棍擀成18×18cm，切成3×3cm。乳酪麵團擀成20×20cm，切成4×5cm再斜切對半。
3. 用170℃的烤箱烘烤20～25分鐘，直接放涼。

＊ 沾上凝脂奶油（市售）來食用也很美味。

黃豆粉的麵包

BREADS

BAKING WITH SOY FLOUR

用黃豆粉製作的麵包，在烘烤之後色澤會比使用麵粉的麵包來得深。只要把內部充分烤熟，就能減輕黃豆粉特有的豆腥味。首先請把基本的麵包作法學好。之後只要變換配料，就能向各式各樣的麵包挑戰了。

1個份

含醣量 15.9g ／ 275kcal

黃豆粉沒有筋性，所以添加小麥蛋白粉來創造彈性，
並利用鮮奶油來減輕黃豆的味道。
只要把基本的圓麵包學好，之後要製作任何麵包都不是問題。
雖然揉麵很費力氣，但這是做出彈性的重要步驟，
一定要確實做好才行。也很建議藉助麵包機的力量。

基本的圓麵包

材料&作法 圓麵包4個份

	材料	份量
A	黃豆粉	100g
	小麥蛋白粉	100g
	羅漢果代糖（LakantoS）	2大匙
	鹽	2g
B	鮮奶油	50g
	水	150g
C	乾酵母	6g
	水	1大匙

1

〈混合〉在耐熱缽盆裡倒入A，用打蛋器充分攪拌混合。

2

在另一個缽盆裡倒入B，蓋上保鮮膜用500W的微波爐加熱40秒左右。

3

把2加進1裡，用刮板混合拌勻之後，再用手充分揉合。若材料在揉合成團的過程中冷掉的話，可用微波爐加熱20秒左右，再繼續揉合。

＊ 藉由加熱的動作，讓麵團更有延展性。

4

把C倒進小容器裡攪拌溶解，加進3裡揉合3分鐘左右，直到麵團變得光滑為止，收成球狀放入缽盆中。

5

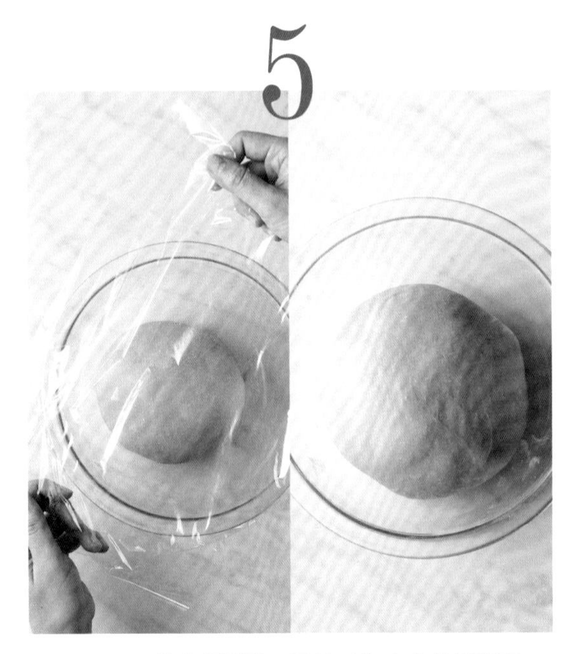

〈一次發酵〉蓋上保鮮膜，置於40℃左右的場所直到膨脹至2倍大為止。用內建發酵功能的烤箱發酵60分鐘左右。

6

〈分割・滾圓〉移到檯面上，用刮板分割成4等分，分別在檯面上滾圓至表面呈光滑狀。

7

〈二次發酵〉放在鋪有烤盤紙的烤盤上，置於40℃左右的場所直到膨脹至2倍大為止。用內建發酵功能的烤箱發酵60分鐘左右。麵團要用溼布覆蓋以免乾燥。

8

〈烘烤〉用預熱至200℃的烤箱烘烤15～20分鐘。

利用麵包機的話，
就能輕鬆揉麵

黃豆粉的情況，由於直接把粉倒入機器的作法很難做出麵團，所以把在作法3揉好的麵團放入麵包機的容器中。將乾酵母從酵母投入口倒進去。關上蓋子、按下「發酵模式」的按鍵。如此一來，到作法5為止就完成了。等麵團發酵完畢後再拿出來進行作法6～8的作業。

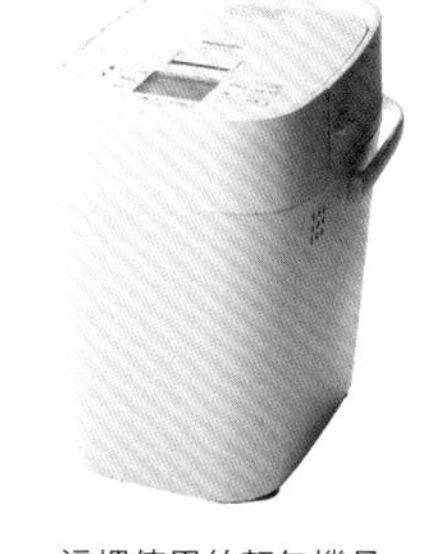

這裡使用的麵包機是
國際牌SD-MDX100

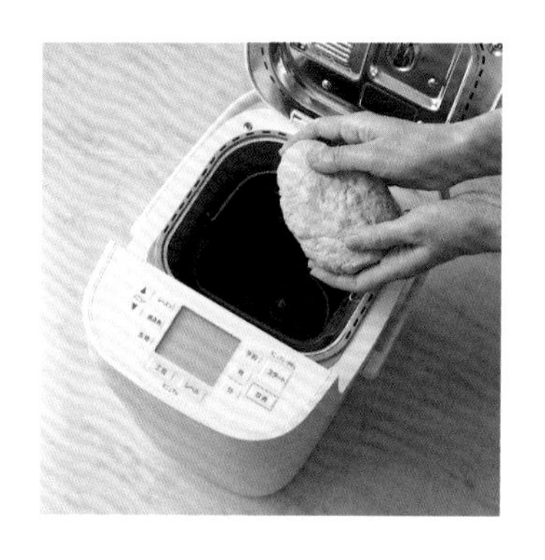

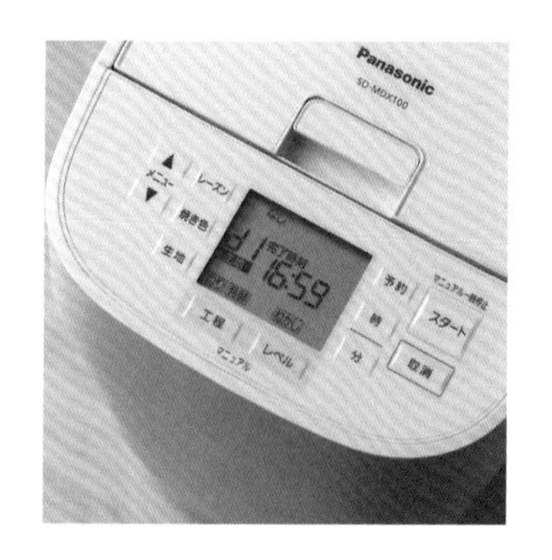

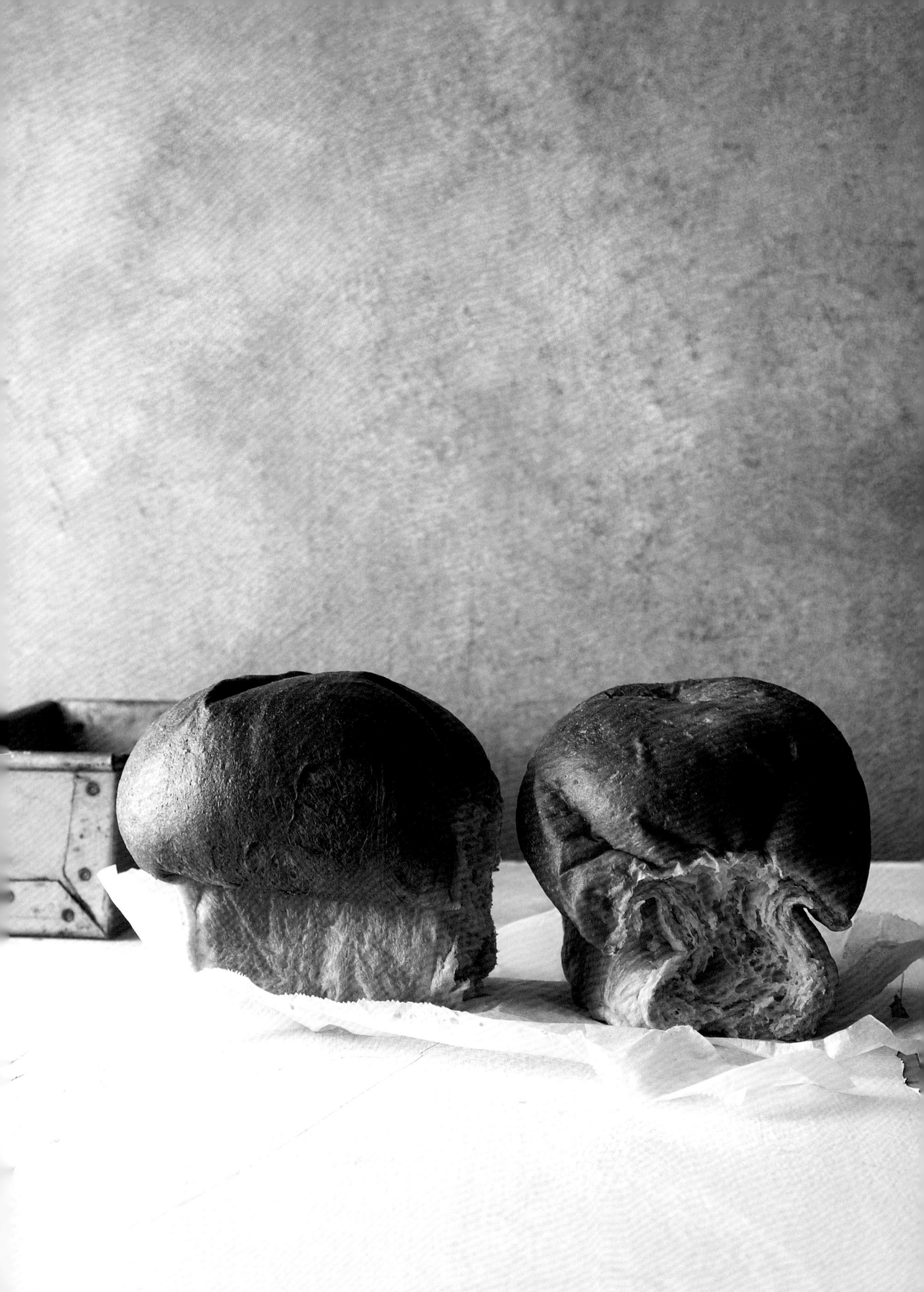

質地蓬鬆細緻的山形土司。
分量十足，一片就很有飽足感。

模型1個份

含醣量95.5g／1644kcal

白土司

材料 18×8×高6cm的磅蛋糕模型1個份

	材料	分量
A	黃豆粉	150g
	小麥蛋白粉	150g
	羅漢果代糖（LakantoS）	3大匙
	鹽	3g
B	鮮奶油	75g
	水	225g
C	乾酵母	8g
	水	1大匙

作法

1 〈混合〉在耐熱缽盆裡倒入A，用打蛋器充分攪拌混合。

2 在另一個缽盆裡倒入B，蓋上保鮮膜用500W的微波爐加熱40秒左右。

3 把2加進1裡，用刮板混合拌勻之後，再用手充分揉合。若材料在揉合成團的過程中冷掉的話，可用微波爐加熱20秒左右，再繼續揉合。

＊ 藉由加熱的動作，讓麵團更有延展性。

4 把C倒進小容器裡攪拌溶解，加進3裡揉合3分鐘左右，直到麵團變得光滑為止，收成球狀放入缽盆中。

5 〈一次發酵〉蓋上保鮮膜，置於40℃左右的場所直到膨脹至2倍大為止。用內建發酵功能的烤箱發酵60分鐘左右。

6 〈分割・滾圓〉移到檯面上，用刮板分割成2等分【照片右上】，分別在檯面上滾圓至表面呈光滑狀。

7 〈二次發酵〉放入鋪上烤盤紙的磅蛋糕模型中【照片右下】，置於40℃左右的場所直到膨脹至2倍大為止。用內建發酵功能的烤箱發酵60分鐘左右。麵團要用溼布覆蓋以免乾燥。

8 〈烘烤〉用預熱至200℃的烤箱烘烤15～25分鐘。

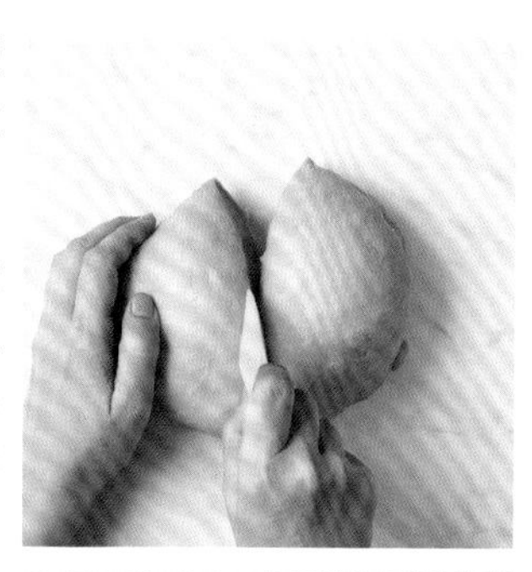

核桃麵包
PAIN AUX NOIX

>>> RECIPE P.56

葡萄乾麵包

PAIN AUX RAISINS

>>> RECIPE P.57

微帶酸味的優格麵包。
和堅果類非常對味，每次咀嚼都能感受到核桃的甜味在口中擴散。

核桃麵包

1個份
含醣量69.2g ／ 1281kcal

材料 1個份

A	黃豆粉	100g
A	小麥蛋白粉	100g
A	羅漢果代糖（LakantoS）	2大匙
A	鹽	2g
B	優格（原味）	100g
B	水	100g
C	乾酵母	6g
C	水	1大匙
	核桃（烤過、切碎）	50g

作法

1 〈混合〉在耐熱缽盆裡倒入A，用打蛋器充分攪拌混合。

2 在另一個缽盆裡倒入B，蓋上保鮮膜用500W的微波爐加熱40秒左右。

3 把2加進1裡，用刮板混合拌勻之後，再用手充分揉合。若材料在揉合成團的過程中冷掉的話，可用微波爐加熱20秒左右，再繼續揉合。

＊藉由加熱的動作，讓麵團更有延展性。

4 把C倒進小容器裡攪拌溶解，加進3裡揉合3分鐘左右，直到麵團變得光滑為止。加入核桃揉進麵團裡【照片右】，收成球狀放入缽盆中。

5 〈一次發酵〉蓋上保鮮膜，置於40℃左右的場所直到膨脹至2倍大為止。用內建發酵功能的烤箱發酵60分鐘左右。

6 〈分割・滾圓〉移到檯面上，滾圓至表面呈光滑狀。

7 〈二次發酵〉放在鋪有烤盤紙的烤盤上，置於40℃左右的場所直到膨脹至2倍大為止。用內建發酵功能的烤箱發酵60分鐘左右。麵團要用溼布覆蓋以免乾燥。

8 〈烘烤〉用預熱至200℃的烤箱烘烤15～20分鐘。

滿滿的葡萄乾是美味的關鍵。
長條造型除了容易烤熟之外，也方便食用。

葡萄乾麵包

1個份
含醣量 42.8g ／ 395kcal

材料 3個份

A	黃豆粉	100g
	小麥蛋白粉	100g
	羅漢果代糖（LakantoS）	2大匙
	鹽	2g
B	優格（原味）	100g
	水	100g
C	乾酵母	6g
	水	1大匙
	葡萄乾	80g

作法

1 〈混合〉在耐熱缽盆裡倒入A，用打蛋器充分攪拌混合。

2 在另一個缽盆裡倒入B，蓋上保鮮膜用500W的微波爐加熱40秒左右。

3 把2加進1裡，用刮板混合拌勻之後，再用手充分揉合。若材料在揉合成團的過程中冷掉的話，可用微波爐加熱20秒左右，再繼續揉合。
＊ 藉由加熱的動作，讓麵團更有延展性。

4 把C倒進小容器裡攪拌溶解，加進3裡揉合3分鐘左右，直到麵團變得光滑為止。加入葡萄乾【照片右】揉進麵團裡，收成球狀放入缽盆中。

5 〈一次發酵〉蓋上保鮮膜，置於40℃左右的場所直到膨脹至2倍大為止。用內建發酵功能的烤箱發酵60分鐘左右。

6 〈分割・滾圓〉移到檯面上，用刮板分割成3等分，分別揉成長條狀，在檯面上滾圓至表面呈光滑狀。

7 〈二次發酵〉放在鋪有烤盤紙的烤盤上，置於40℃左右的場所直到膨脹至2倍大為止。用內建發酵功能的烤箱發酵60分鐘左右。麵團要用溼布覆蓋以免乾燥。

8 〈烘烤〉用預熱至200℃的烤箱烘烤10～20分鐘。

蜜棗可可豆碎粒麵包

PRUNE AND CACAO NIBS BREAD

>>> RECIPE P.60

蔓越莓可可麵包

CRANBERRY AND COCOA BREAD

>>> RECIPE P.61

可可豆碎粒是由可可豆打碎製成的碎粒狀食材。
添加了營養豐富的超級食物的麵包。

蜜棗可可豆碎粒麵包

1 個份

含醣量 27.6g ／ 366kcal

材料 4個份

A	黃豆粉	100g
	小麥蛋白粉	100g
	羅漢果代糖（LakantoS）	2大匙
	鹽	2g
B	鮮奶油	50g
	水	150g
C	乾酵母	6g
	水	1大匙
	可可豆碎粒	30g
	蜜棗乾（去子）	80g

作法

1 〈混合〉在耐熱缽盆裡倒入A，用打蛋器充分攪拌混合。

2 在另一個缽盆裡倒入B，蓋上保鮮膜用500W的微波爐加熱40秒左右。

3 把2加進1裡，用刮板混合拌勻之後，再用手充分揉合。若材料在揉合成團的過程中冷掉的話，可用微波爐加熱20秒左右，再繼續揉合。

＊ 藉由加熱的動作，讓麵團更有延展性。

4 把C倒進小容器裡攪拌溶解，加進3裡揉合3分鐘左右，直到麵團變得光滑為止。加入蜜棗乾和可可豆碎粒【照片右】揉進麵團裡，收成球狀放入缽盆中。

5 〈一次發酵〉蓋上保鮮膜，置於40℃左右的場所直到膨脹至2倍大為止。用內建發酵功能的烤箱發酵60分鐘左右。

6 〈分割・滾圓〉移到檯面上分割成4等分，分別在檯面上滾圓至表面呈光滑狀。

7 〈二次發酵〉放在鋪有烤盤紙的烤盤上，置於40℃左右的場所直到膨脹至2倍大為止。用內建發酵功能的烤箱發酵60分鐘左右。麵團要用溼布覆蓋以免乾燥。

8 〈烘烤〉用預熱至200℃的烤箱烘烤15～20分鐘。

可可和蔓越莓是最棒的黃金組合！
盡情享受可可的香氣和風味。

蔓越莓可可麵包

1個份

含醣量 27.2g ／ 336kcal

材料 4個份

A	黃豆粉	100g
	小麥蛋白粉	100g
	可可粉（無糖）	1大匙
	羅漢果代糖（LakantoS）	2大匙
	鹽	2g
B	鮮奶油	50g
	水	150g
C	乾酵母	6g
	水	1大匙
	蔓越莓乾	80g

作法

1 〈混合〉在耐熱缽盆裡倒入A，用打蛋器充分攪拌混合。

2 在另一個缽盆裡倒入B，蓋上保鮮膜用500W的微波爐加熱40秒左右。

3 把2加進1裡，用刮板混合拌勻之後，再用手充分揉合。若材料在揉合成團的過程中冷掉的話，可用微波爐加熱20秒左右，再繼續揉合。

＊ 藉由加熱的動作，讓麵團更有延展性。

4 把C倒進小容器裡攪拌溶解，加進3裡揉合3分鐘左右，直到麵團變得光滑為止。加入蔓越莓乾【照片右】揉進麵團裡，收成球狀放入缽盆中。

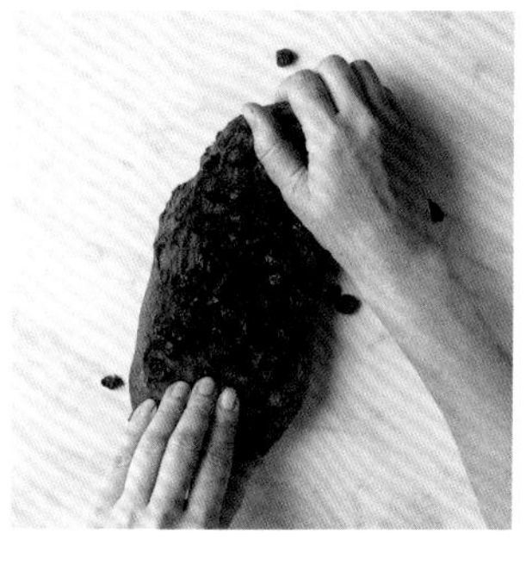

5 〈一次發酵〉蓋上保鮮膜，置於40℃左右的場所直到膨脹至2倍大為止。用內建發酵功能的烤箱發酵60分鐘左右。

6 〈分割・滾圓〉移到檯面上分割成4等分，分別在檯面上滾圓至表面呈光滑狀。

7 〈二次發酵〉放在鋪有烤盤紙的烤盤上，置於40℃左右的場所直到膨脹至2倍大為止。用內建發酵功能的烤箱發酵60分鐘左右。麵團要用溼布覆蓋以免乾燥。

8 〈烘烤〉用預熱至200℃的烤箱烘烤15～20分鐘。

英式馬芬

ENGLISH MUFFIN

>>> RECIPE P.64

貝果 原味＆洋蔥

PLAIN BAGEL AND ONION BAGEL

>>> RECIPE P.65

剛出爐的時候吃起來特別鬆軟溼潤。
粗粒玉米粉的香氣非常出色。

英式馬芬

1個份
含醣量 20.0g / 254kcal

材料 4個份

A	黃豆粉	100g
	小麥蛋白粉	100g
	羅漢果代糖（LakantoS）	2大匙
	鹽	2g
B	優格（原味）	100g
	水	100g
C	乾酵母	6g
	水	1大匙
	粗粒玉米粉	適量

作法

1 〈混合〉在耐熱缽盆裡倒入A，用打蛋器充分攪拌混合。

2 在另一個缽盆裡倒入B，蓋上保鮮膜用500W的微波爐加熱40秒左右。

3 把2加進1裡，用刮板混合拌勻之後，再用手充分揉合。若材料在揉合成團的過程中冷掉的話，可用微波爐加熱20秒左右，再繼續揉合。

＊ 藉由加熱的動作，讓麵團更有延展性。

4 把C倒進小容器裡攪拌溶解，加進3裡揉合3分鐘左右，直到麵團變得光滑為止，收成球狀。

5 〈一次發酵〉蓋上保鮮膜，置於40℃左右的場所直到膨脹至2倍大為止。用內建發酵功能的烤箱發酵60分鐘左右。

6 〈分割・滾圓〉分割成4等分，分別在檯面上滾圓至表面呈光滑狀。沾上粗粒玉米粉【照片右上】，用擀麵棍擀成1.5cm厚的扁平狀【照片右下】。

7 〈二次發酵〉放在鋪有烤盤紙的烤盤上，置於40℃左右的場所直到膨脹至2倍大為止。用內建發酵功能的烤箱發酵60分鐘左右。麵團要用溼布覆蓋以免乾燥。

8 〈烘烤〉在麵團的上面覆蓋烤盤紙，以另一個烤盤蓋住，用預熱至200℃的烤箱烘烤15～20分鐘。

＊ 在沒有另一個烤盤的情況下，先烤10分鐘，再將麵團上下顛倒放置，繼續烤完剩下的時間。

＊ 塗抹奶油食用也非常美味。

紮實又能耐餓的貝果。
塑成圈狀後要緊密接合是重點所在。

貝果
原味 & 洋蔥

原味／1個份
含醣量 16.8g ／ 236kcal

洋蔥／1個份
含醣量 17.5g ／ 243kcal

材料 各4個份

原味

A	黃豆粉	100g
A	小麥蛋白粉	100g
A	羅漢果代糖（LakantoS）	2大匙
A	鹽	2g
B	優格（原味）	100g
B	水	100g
C	乾酵母	6g
C	水	1大匙

洋蔥

A	黃豆粉	100g
A	小麥蛋白粉	100g
A	羅漢果代糖（LakantoS）	2大匙
A	鹽	2g
B	優格（原味）	100g
B	水	100g
C	乾酵母	6g
C	水	1大匙
	乾燥洋蔥	20g

作法

1 〈混合〉在耐熱缽盆裡分別倒入原味／洋蔥的A，用打蛋器充分攪拌混合。

2 在另外的缽盆裡分別倒入原味／洋蔥的B，蓋上保鮮膜用500W的微波爐加熱40秒左右。

3 分別把2加進1裡，用刮板混合拌勻之後，再用手充分揉合。若材料在揉合成團的過程中冷掉的話，可用微波爐加熱20秒左右，再繼續揉合。

＊ 藉由加熱的動作，讓麵團更有延展性。

4 分別把C倒進小容器裡攪拌溶解，加進3裡揉合3分鐘左右，直到麵團變得光滑為止。洋蔥款在這個時候要加入乾燥洋蔥，分別收成球狀放入缽盆中。

5 〈分割・成形〉用刮板分割成4等分，以擀麵棍分別擀成6×15cm，橫向擺好，由下往上捲起【照片右上】。用手滾動搓揉成約20cm長的條狀，把其中一端用手掌壓扁，覆蓋住另一端接合起來，塑成圈狀【照片右下】。

6 〈發酵〉置於40℃左右的場所直到膨脹至2倍大為止。用內建發酵功能的烤箱發酵60分鐘左右。麵團要用溼布覆蓋以免乾燥。

7 〈水煮〉煮一鍋滾水，把6用網杓放入鍋中。每個都以一面煮30秒左右的方式煮好，以網杓撈起瀝乾水分，放在鋪有烤盤紙的烤盤上。

8 〈烘烤〉用預熱至200℃的烤箱烘烤15分鐘左右。

＊ 抹上奶油乳酪再撒上粉紅胡椒來食用也很美味。

扁平麵包登場。
像披薩一樣鋪上各式各樣餡料的變化版本也很美味。

佛卡夏
青橄欖＆番茄乾

青橄欖／1個份
含醣量 67.7g ／ 1072kcal

番茄乾／1個份
含醣量 68.2g ／ 1182kcal

材料 各1個份

青橄欖

A	黃豆粉	100g
	小麥蛋白粉	100g
	羅漢果代糖（LakantoS）	2大匙
	鹽	2g
B	優格（原味）	100g
	水	100g
C	乾酵母	6g
	水	1大匙
	青橄欖（去子、切碎）	50g
	橄欖油	適量

番茄乾

A	黃豆粉	100g
	小麥蛋白粉	100g
	羅漢果代糖（LakantoS）	2大匙
	鹽	2g
B	優格（原味）	100g
	水	100g
C	乾酵母	6g
	水	1大匙
	番茄乾（用水泡開、切碎）	25g
	刨絲乳酪	40g
	義大利荷蘭芹	1支

作法

1 〈混合〉在耐熱缽盆裡分別倒入A，用打蛋器充分攪拌混合。

2 在另一個缽盆裡分別倒入B，蓋上保鮮膜用500W的微波爐加熱40秒左右。

3 分別把2加進1裡，用刮板混合拌勻之後，再用手充分揉合。若材料在揉合成團的過程中冷掉的話，可用微波爐加熱20秒左右，再繼續揉合。

＊ 藉由加熱的動作，讓麵團更有延展性。

4 分別把C倒進小容器裡攪拌溶解，加進3裡揉合3分鐘左右，直到麵團變得光滑為止。加入番茄乾或青橄欖【照片右】揉進麵團裡，收成球狀放入缽盆中。

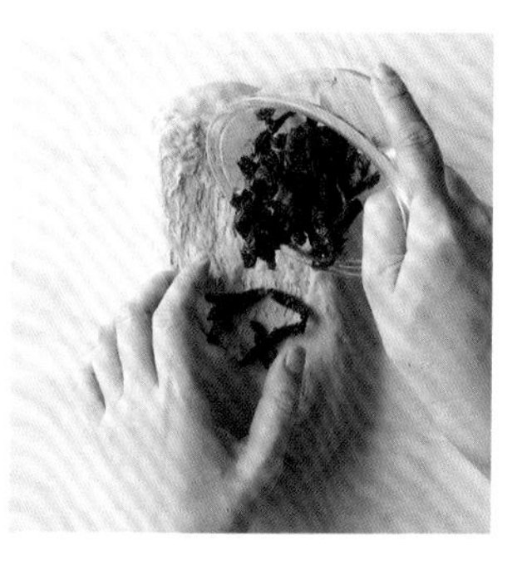

5 〈一次發酵〉蓋上保鮮膜，置於40℃左右的場所直到膨脹至2倍大為止。用內建發酵功能的烤箱發酵60分鐘左右。

6 〈二次發酵〉放在鋪有烤盤紙的烤盤上，分別用擀麵棒擀至約1cm厚，置於40℃左右的場所直到膨脹至2倍大為止。用內建發酵功能的烤箱發酵60分鐘左右。麵團要用溼布覆蓋以免乾燥。

7 〈烘烤〉橄欖麵團用毛刷刷上橄欖油，以手指等間隔地戳洞；番茄乾麵團以手指等間隔地戳洞【照片右】，撒上刨絲乳酪。

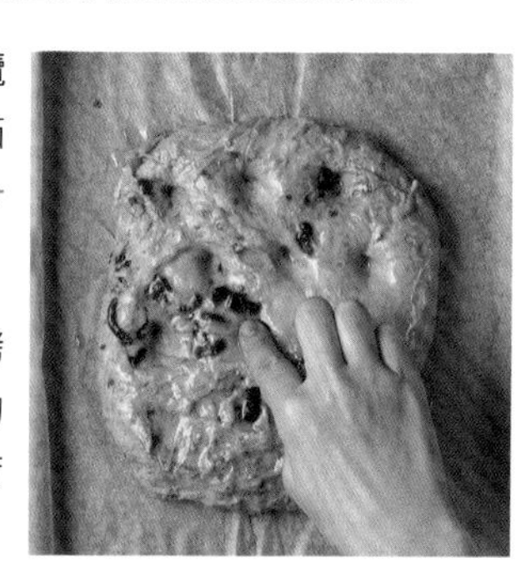

8 用預熱至200℃的烤箱烘烤15～20分鐘。在番茄乾口味的佛卡夏上面撒上撕碎的義大利荷蘭芹葉。

蓮藕麵包

LOTUS ROOT BREAD

>>> RECIPE P.72

爆餡羊栖菜麵包

HIJIKI BREAD

>>> RECIPE P.74

牛蒡培根麵包

RDOCK AND BACON BREAD

>>> RECIPE P.73

無花果歌魯拱索拉麵包

DRIED FIG AND GORGONZOLA BREAD

>>> RECIPE P.75

蓮藕的輕脆口感令人回味無窮。
鋪在麵包上令外觀更添趣味。

蓮藕麵包

1個份

含醣量 19.5g ／ 263kcal

材料 4個份

	材料	份量
A	黃豆粉	100g
	小麥蛋白粉	100g
	羅漢果代糖（LakantoS）	2大匙
	鹽	2g
B	優格（原味）	100g
	水	100g
C	乾酵母	6g
	水	1大匙
	蓮藕（1cm厚的圓片）	小8片
	鹽、胡椒	各適量
	橄欖油	適量

作法

1 〈混合〉在耐熱缽盆裡倒入A，用打蛋器充分攪拌混合。

2 在另一個缽盆裡倒入B，蓋上保鮮膜用500W的微波爐加熱40秒左右。

3 把2加進1裡，用刮板混合拌勻之後，再用手充分揉合。若材料在揉合成團的過程中冷掉的話，可用微波爐加熱20秒左右，再繼續揉合。

＊ 藉由加熱的動作，讓麵團更有延展性。

4 把C倒進小容器裡攪拌溶解，加進3裡揉合3分鐘左右，直到麵團變得光滑為止，收成球狀放入缽盆中。

5 〈一次發酵〉蓋上保鮮膜，置於40℃左右的場所直到膨脹至2倍大為止。用內建發酵功能的烤箱發酵60分鐘左右。

6 〈分割・滾圓〉用刮板分割成4等分，分別擀成橢圓形，各放上2片蓮藕【照片右上】，撒上鹽、胡椒，用毛刷刷上橄欖油【照片右下】。

7 〈二次發酵〉放在鋪有烤盤紙的烤盤上，置於40℃左右的場所直到膨脹至2倍大為止。用內建發酵功能的烤箱發酵60分鐘左右。麵團要用溼布覆蓋以免乾燥。

8 〈烘烤〉用預熱至200℃的烤箱烘烤15～20分鐘。

金平風味牛蒡培根的滋味濃郁深厚。
富有口感的內餡吃起來更帶勁。

牛蒡培根麵包

1個份

含醣量 17.7g / 411kcal

材料 4個份

A	**黃豆粉**	100g
	小麥蛋白粉	100g
	羅漢果代糖（LakantoS）	2大匙
	鹽	2g
B	**鮮奶油**	100g
	水	100g
C	**乾酵母**	6g
	水	1大匙
牛蒡炒培根（參照下方）		全量

牛蒡炒培根的作法

牛蒡 $\frac{1}{3}$ 根斜削成薄片之後用醋水泡過。培根3片切成1cm寬，大蒜 $\frac{1}{2}$ 瓣切成碎末。在平底鍋裡倒入橄欖油1大匙和大蒜以中火爆香。香氣出來之後下培根拌炒片刻，接著再加入牛蒡一起拌炒。用適量的鹽、胡椒調味之後放涼。

作法

1 〈混合〉在耐熱缽盆裡倒入A，用打蛋器充分攪拌混合。

2 在另一個缽盆裡倒入B，蓋上保鮮膜用500W的微波爐加熱40秒左右。

3 把2加進1裡，用刮板混合拌勻之後，再用手充分揉合。若材料在揉合成團的過程中冷掉的話，可用微波爐加熱20秒左右，再繼續揉合。

＊ 藉由加熱的動作，讓麵團更有延展性。

4 把C倒進小容器裡攪拌溶解，加進3裡揉合3分鐘左右，直到麵團變得光滑為止，收成球狀放入缽盆中。

5 〈一次發酵〉蓋上保鮮膜，置於40℃左右的場所直到膨脹至2倍大為止。用內建發酵功能的烤箱發酵60分鐘左右。

6 〈分割・滾圓〉用刮板分割成4等分，分別擀成直徑15cm的圓形，把牛蒡炒培根包起來【照片右】，收口朝下放在鋪有烤盤紙的烤盤上。

7 〈二次發酵〉置於40℃左右的場所直到膨脹至2倍大為止。用內建發酵功能的烤箱發酵60分鐘左右。麵團要用溼布覆蓋以免乾燥。

8 〈烘烤〉在麵團表面縱向劃一道切口，用預熱至200℃的烤箱烘烤10～20分鐘。

包入富含礦物質的羊栖菜的健康麵包。
可當作正餐食用的鹹麵包。

爆餡羊栖菜麵包

1個份
含醣量 19.1g ／ 373kcal

材料 4個份

A	**黃豆粉**	100g
	小麥蛋白粉	100g
	羅漢果代糖（LakantoS）	2大匙
	鹽	2g
B	**鮮奶油**	100g
	水	100g
C	**乾酵母**	6g
	水	1大匙
	滷羊栖菜（參照下方）	全量

滷羊栖菜的作法

羊栖菜15g用水泡開，蔥 $\frac{1}{4}$ 支和薑 $\frac{1}{4}$ 塊切成碎末。在平底鍋裡倒入太白芝麻油1大匙和蔥薑末，開中火拌炒。金黃上色之後加入羊栖菜、酒1大匙、醬油1 $\frac{1}{2}$ 大匙、羅漢果代糖1小匙拌炒均勻，靜置放涼。

作法

1 〈混合〉在耐熱缽盆裡倒入A，用打蛋器充分攪拌混合。

2 在另一個缽盆裡倒入B，蓋上保鮮膜用500W的微波爐加熱40秒左右。

3 把2加進1裡，用刮板混合拌勻之後，再用手充分揉合。若材料在揉合成團的過程中冷掉的話，可用微波爐加熱20秒左右，再繼續揉合。

＊ 藉由加熱的動作，讓麵團更有延展性。

4 把C倒進小容器裡攪拌溶解，加進3裡揉合3分鐘左右，直到麵團變得光滑為止，收成球狀放入缽盆中。

5 〈一次發酵〉蓋上保鮮膜，置於40℃左右的場所直到膨脹至2倍大為止。用內建發酵功能的烤箱發酵60分鐘左右。

6 〈分割・滾圓〉用刮板分割成4等分，分別擀成直徑16cm的圓形，把滷羊栖菜包起來【照片右】，收口朝下放在鋪有烤盤紙的烤盤上。

7 〈二次發酵〉置於40℃左右的場所直到膨脹至2倍大為止。用內建發酵功能的烤箱發酵60分鐘左右。麵團要用溼布覆蓋以免乾燥。

8 〈烘烤〉在麵團表面劃出十字切口，用預熱至200℃的烤箱烘烤15～20分鐘。

剝開一看，裡面滿滿的都是餡料。
強力推薦，一定要配上葡萄酒品嚐的麵包。

無花果歌魯拱索拉麵包

1 個份

含醣量 35.9g ／ 498kcal

材料 3個份

A	黃豆粉	100g
	小麥蛋白粉	100g
	羅漢果代糖（LakantoS）	2大匙
	鹽	2g
B	優格（原味）	100g
	水	100g
C	乾酵母	6g
	水	1大匙

無花果乾（切碎）........ 60g

＊ 太硬的話要用水稍微泡軟。

核桃（烤過、切碎）........ 30g

歌魯拱索拉乳酪 50g

作法

1 〈混合〉在耐熱缽盆裡倒入A，用打蛋器充分攪拌混合。

2 在另一個缽盆裡倒入B，蓋上保鮮膜用500W的微波爐加熱40秒左右。

3 把2加進1裡，用刮板混合拌勻之後，再用手充分揉合。若材料在揉合成團的過程中冷掉的話，可用微波爐加熱20秒左右，再繼續揉合。

＊ 藉由加熱的動作，讓麵團更有延展性。

4 把C倒進小容器裡攪拌溶解，加進3裡揉合3分鐘左右，直到麵團變得光滑為止。加入核桃揉合均勻，收成球狀放入缽盆中。

5 〈一次發酵〉蓋上保鮮膜，置於40℃左右的場所直到膨脹至2倍大為止。用內建發酵功能的烤箱發酵60分鐘左右。

6 〈分割・滾圓〉用刮板分割成3等分，分別擀成橢圓形，把無花果乾和歌魯拱索拉乳酪包起來【照片右上】，收口朝下放在鋪有烤盤紙的烤盤上。

7 〈二次發酵〉置於40℃左右的場所直到膨脹至2倍大為止。用內建發酵功能的烤箱發酵60分鐘左右。麵團要用溼布覆蓋以免乾燥。

8 〈烘烤〉在麵團表面縱劃一刀，讓歌魯拱索拉乳酪稍微露出來【照片右下】，用預熱至200℃的烤箱烘烤25分鐘。

帶點懷舊感、非常好吃的麵包。
黃豆粉麵包當中最值得推薦的一款！

油炸黃豆粉麵包

1個份
含醣量24.2g ／ 424kcal

材料 4個份

A	黃豆粉	100g
	小麥蛋白粉	100g
	羅漢果代糖（LakantoS）	2大匙
	鹽	2g
B	鮮奶油	100g
	水	100g
C	乾酵母	6g
	水	1大匙
D	熟黃豆粉	3大匙
	羅漢果代糖（LakantoS）	2大匙
炸油		適量

作法

1 〈混合〉在耐熱缽盆裡倒入A，用打蛋器充分攪拌混合。

2 在另一個缽盆裡倒入B，蓋上保鮮膜用500W的微波爐加熱40秒左右。

3 把2加進1裡，用刮板混合拌勻之後，再用手充分揉合。若材料在揉合成團的過程中冷掉的話，可用微波爐加熱20秒左右，再繼續揉合。
＊ 藉由加熱的動作，讓麵團更有延展性。

4 把C倒進小容器裡攪拌溶解，加進3裡揉合3分鐘左右，直到麵團變得光滑為止，收成球狀放入缽盆中。

5 〈一次發酵〉蓋上保鮮膜，置於40℃左右的場所直到膨脹至2倍大為止。用內建發酵功能的烤箱發酵60分鐘左右。

6 〈分割・滾圓〉用刮板分割成4等分，分別搓揉成直徑1㎝左右的細長條狀，抓住兩端扭轉之後【照片右上】再從中對折，纏繞成麻花狀【照片右下】。

7 〈二次發酵〉放入鋪有烤盤紙的淺盤中，置於40℃左右的場所直到膨脹至2倍大為止。用內建發酵功能的烤箱發酵60分鐘左右。麵團要用溼布覆蓋以免乾燥。

8 〈油炸〉用190℃的熱油，一面炸2分鐘左右分別炸好。在缽盆裡把D混合，放入炸好的麵包沾裹均勻。

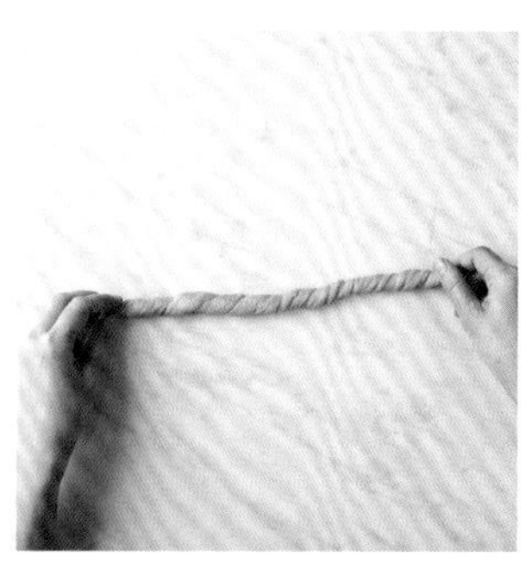

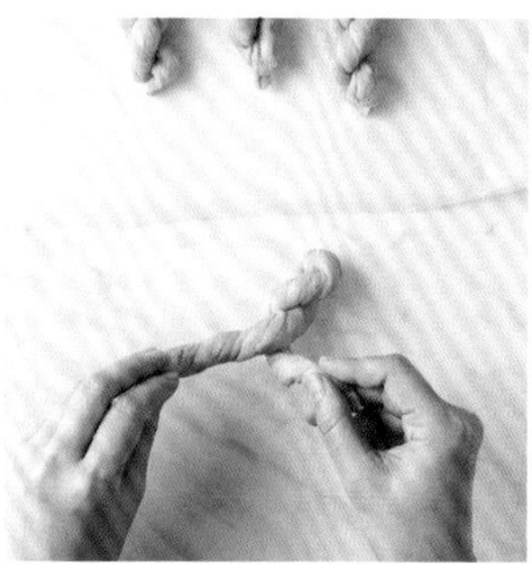

製作玉米薄餅也是黃豆粉的拿手本事。
捲起喜愛的餡料來享用！

玉米薄餅

1片份（不含配料）

含醣量4.7g ／ 130kcal

材料 8片份

A	黃豆粉	100g
A	小麥蛋白粉	100g
A	發粉	1小匙
B	優格（原味）	100g
B	水	50g
	橄欖油	適量

配料

墨西哥辣豆醬（罐頭）、紫高麗菜、番茄、酪梨、萊姆等等（隨喜好）............. 各適量

作法

1 〈混合〉在耐熱缽盆裡倒入A，用打蛋器充分攪拌混合。

2 在另一個缽盆裡倒入B，蓋上保鮮膜用500W的微波爐加熱40秒左右。

3 把2加進1裡，用刮板混合拌勻之後，再用手充分揉合。若材料在揉合成團的過程中冷掉的話，可用微波爐加熱20秒左右，再繼續揉合。

＊ 藉由加熱的動作，讓麵團更有延展性。

4 〈醒麵〉在室溫下醒麵30分鐘左右。

5 〈分割・滾圓〉取出麵團，用刮板分割成8等分，分別在檯面上滾圓至表面呈光滑狀。用擀麵棍擀成直徑18cm的圓薄片。

6 在平底鍋裡抹上薄薄的橄欖油，放入5以中火加熱。煎到餅皮的各處開始膨脹變大、轉為金黃焦色之後翻面【照片右上】，把另一面也煎熟。這個時候，要用鍋鏟壓住餅皮，以免繼續膨脹【照片右下】。把剩下的餅皮以同樣的方式煎好，放上喜愛的配料捲起來食用。

真藤舞衣子
MAIKO SHINDO

料理家。出生於東京的道地江戶人。曾任職於一般公司，離職後在京都的大德寺內塔頭過了一年的生活。之後前往法國巴黎麗茲埃科菲廚藝學校留學，取得文憑。回國後進入東京的甜點店工作，也在赤坂開設過咖啡沙龍「my-an」，目前過著每日往返於東京和山梨的生活。2014年「my-an」在山梨重新開幕。現在的工作包含了經營料理教室、食譜開發、食育講座、電台及電視的固定評論家及料理節目等等，每天都相當忙碌。著作有《烹調・享用・保存都靠這1個　每天的琺瑯鍋食譜》（講談社）等。

http://www.my-an.com/

國家圖書館出版品預行編目資料

醣分OFF！34道健康黃豆粉甜點麵包
真藤舞衣子著；許倩珮譯.-- 初版. --
臺北市：臺灣東販, 2018.06
80面；18.8×25.7公分
ISBN 978-986-475-681-0（平裝）

1.點心食譜 2.麵包 3.大豆

427.16　　107006749

【日文版工作人員】

書籍設計　小橋太郎（yep）
攝影　川上輝明（bean）
造型　池水陽子
營養計算　角島理美（營養師）
烹調助手　岩元理惠
一戶千亞紀
編輯　小橋美津子（yep）

攝影協力
〇黃豆粉提供
Mitake食品工業股份有限公司
商品洽詢專線／048-441-3420
服務時間／平日9：00〜18：00（六日及國定假日休息）
http://www.mitake-shokuhin.co.jp/

〇果乾提供
EY TRADING股份有限公司
商品洽詢電子信箱／info@eytrading.co.jp
http://www.eytrading.co.jp/

〇羅漢果代糖「LakantoS」提供
Saraya股份有限公司
商品洽詢專線／0120-40-3636
服務時間／平日9：00〜17：00（六日及國定假日休息）
http://www.lakanto.jp/

Panasonic股份有限公司
調理商品諮詢窗口／0120-878-694
服務時間／9：00〜20：00（全年無休）
http://panasonic.jp/bakery/

UTUWA
電話／03-6447-0070

醣分OFF！
34道健康黃豆粉甜點麵包

2018年6月1日初版第一刷發行

作　　者　真藤舞衣子
譯　　者　許倩珮
編　　輯　吳元晴
美術編輯　黃盈捷
發 行 人　齋木祥行
發 行 所　台灣東販股份有限公司
＜地址＞台北市南京東路4段130號2F-1
＜電話＞(02)2577-8878
＜傳真＞(02)2577-8896
＜網址＞http://www.tohan.com.tw
郵撥帳號　1405049-4
法律顧問　蕭雄淋律師
總 經 銷　聯合發行股份有限公司
＜電話＞(02)2917-8022
香港總代理　萬里機構出版有限公司
＜電話＞2564-7511
＜傳真＞2565-5539